上海市工程建设规范

外墙外保温系统应用技术标准(岩棉)

Application technology standard for external thermal insulation systems
(rock wool)

DG/TJ 08—2126—2023
J 12395—2023

主编单位:同济大学
　　　　　上海建科检验有限公司
批准部门:上海市住房和城乡建设管理委员会
施行日期:2024 年 2 月 1 日

同济大学出版社

2024　上海

图书在版编目(CIP)数据

外墙外保温系统应用技术标准：岩棉 / 同济大学，
上海建科检验有限公司主编. —上海：同济大学出版社，
2024.4

ISBN 978-7-5765-1094-2

Ⅰ. ①外… Ⅱ. ①同… ②上… Ⅲ. ①建筑物—外墙
—保温工程—行业标准—中国 Ⅳ. ①TU111.4-65

中国国家版本馆 CIP 数据核字(2024)第 058470 号

外墙外保温系统应用技术标准(岩棉)

同济大学
上海建科检验有限公司　　主编

责任编辑　朱　勇
责任校对　徐春莲
封面设计　陈益平

出版发行　同济大学出版社　　www.tongjipress.com.cn
　　　　　(地址：上海市四平路 1239 号　邮编：200092　电话：021-65985622)
经　　销　全国各地新华书店
印　　刷　浦江求真印务有限公司
开　　本　889mm×1194mm　1/32
印　　张　2.125
字　　数　53 000
版　　次　2024 年 4 月第 1 版
印　　次　2024 年 4 月第 1 次印刷
书　　号　ISBN 978-7-5765-1094-2
定　　价　25.00 元

上海市住房和城乡建设管理委员会文件

沪建标定〔2023〕387 号

上海市住房和城乡建设管理委员会
关于批准《外墙外保温系统应用技术标准(岩棉)》
为上海市工程建设规范的通知

各有关单位：

由同济大学和上海建科检验有限公司主编的《外墙外保温系统应用技术标准(岩棉)》，经我委审核，现批准为上海市工程建设规范，统一编号为 DG/TJ 08—2126—2023，自 2024 年 2 月 1 日起实施。原《岩棉板(带)薄抹灰外墙外保温系统应用技术规程》DG/TJ 08—2126—2013 同时废止。

本标准由上海市住房和城乡建设管理委员会负责管理，同济大学负责解释。

上海市住房和城乡建设管理委员会
2023 年 7 月 31 日

前　言

根据上海市住房和城乡建设管理委员会《关于印发〈2020 年上海市工程建设规范、建筑标准设计编制计划〉的通知》(沪建标定〔2019〕752 号)的要求,标准编制组经广泛的调查研究,认真总结实践经验,在原规程《岩棉板(带)薄抹灰外墙外保温系统应用技术规程》DG/TJ 08—2126—2013 基础上,参照国内外有关标准和规范,完成本标准的修订。

本标准的主要内容有:总则;术语;系统及系统组成材料;设计;施工;质量验收。

本次修订的主要内容包括:

1. 总则中修改了本标准适用范围。

2. 术语中增加了网织增强岩棉板、保温锚固射钉。

3. 调整了岩棉产品的部分技术指标,增加了网织增强岩棉板及玄武岩纤维有捻纱性能指标。

各单位及相关人员在执行本标准过程中,如有意见和建议,请反馈至上海市住房和城乡建设管理委员会(地址:上海市大沽路 100 号;邮编 200003;E-mail:shjsbzgl@163.com),同济大学(地址:上海市四平路 1239 号;邮编:200092;E-mail:yulong@tongji.edu.cn),上海市建筑建材业市场管理总站(地址:上海市小木桥路 683 号;邮编:200032;E-mail:shgcbz@163.com),以供今后修订时参考。

主　编　单　位:同济大学

　　　　　　　　上海建科检验有限公司

参　编　单　位:上海申得欧有限公司

　　　　　　　　洛科威防火保温材料(广东)有限公司

上海安围建材科技有限公司
上海雷恩节能建材有限公司
宁波卫山多宝建材有限公司

主要起草人：于　龙　岳　鹏　张永明　赵　红　徐　颖
　　　　　　倪　峥　吕大鹏　王周琴　陈伟达　林波挺

主要审查人：徐　强　沈孝庭　沈文渊　林丽智　张　民
　　　　　　李德荣　赵海云

上海市建筑建材业市场管理总站

目 次

Contents

1 总　则

1.0.1　为规范岩棉板(条)外墙外保温系统的设计、施工和质量验收,提高民用建筑围护结构的保温隔热性能和室内舒适度,降低建筑供暖、通风与空调能耗,确保工程质量,符合建筑节能工程的保温及防火要求,制定本标准。

1.0.2　本标准适用于本市民用建筑非透明幕墙外墙外保温节能工程以及岩棉板(条)外墙外保温系统为非主体保温系统的节能工程。新建、改建、扩建的建筑工程除非透明幕墙实体基墙外,外墙外侧禁止把岩棉板(条)外墙外保温系统作为主体保温使用。

1.0.3　岩棉板(条)外墙外保温系统在节能工程中的应用,除应执行本标准外,尚应符合国家、行业和本市现行相关标准的规定。

2 术　语

2.0.1 岩棉板（条）外墙外保温系统　rock wool external thermal insulation systems

以岩棉板或岩棉条、岩棉条组合板、网织增强岩棉板为保温材料，采用胶粘剂粘贴与锚栓固定的连接方式与基层墙体外侧连接，并以抹面胶浆内置耐碱涂覆中碱玻璃纤维网格布复合而成的抹面层以及饰面砂浆或涂料饰面层构成的外墙保温构造。

2.0.2 岩棉板　rock wool board

以玄武岩或其他天然火成岩石为主要原料，经高温熔融、离心喷吹制成的矿物质纤维，加入适量的热固型树脂胶粘剂、憎水剂等，经摆锤法压制、固化并裁割而成的板状保温材料。

2.0.3 岩棉条　rock wool belt

将岩棉板以一定的间距切割成条状翻转 $90°$ 使用的制品。

2.0.4 岩棉条组合板　rock wool strip compoboard

在工厂中以抹面胶浆并内置一层耐碱涂覆中碱玻璃纤维网格布涂覆到经界面剂表面处理的多个岩棉条组合形成的保温板的两个表面上，养护一定龄期后形成的保温制品。

2.0.5 网织增强岩棉板　mesh-stitched enhanced rock wool board

用玄武岩纤维有捻纱线将岩棉板及其覆盖表面的耐碱涂覆中碱玻璃纤维网格布或玄武岩纤维网布整体缝合形成对岩棉板有增强作用的保温板材。

2.0.6 酸度系数　acidity coefficient

衡量岩棉化学耐久性的指标值，为岩棉制品化学组成中二氧化硅、三氧化铝质量分数之和与氧化钙、氧化镁质量分数之和的比值。

2.0.7 抹面层 rendering layer

在岩棉保温层外侧，由抹面胶浆内置耐碱涂覆中碱玻璃纤维网格布一起构成的，用于保护保温层，具有抗裂、防水和抗冲击作用的构造层。

2.0.8 护面层 finish coat layer

抹面层与饰面层的总称。

2.0.9 胶粘剂 adhesive

用于将岩棉保温材料粘贴在基层墙面上的粘结材料，是一种由水泥、可再分散乳胶粉、填料和其他添加剂组成的单组分聚合物干混砂浆。

2.0.10 抹面胶浆 rendering coat mortar

在岩棉板（条）外墙外保温系统中用于抹面层，由水泥、可再分散乳胶粉、填料和其他添加剂组成的单组分聚合物干混砂浆。

2.0.11 界面剂 interface treating

用于改善胶粘剂、抹面胶浆与岩棉条表面粘结性能的聚合物材料。

2.0.12 饰面砂浆 decorative render and plaster

以无机胶凝材料及有机聚合物粘结剂、填料、添加剂和细骨料所组成的用于建筑墙体表面装饰的材料。

2.0.13 耐碱涂覆中碱玻璃纤维网格布 the type of glass-fiber mesh having alkali-resistance

置于岩棉板（条）外墙外保温系统抹面层中，以中碱玻璃纤维织成的网布为基布、表面涂覆高分子耐碱涂层制成的网格布，简称耐碱涂覆网布。

2.0.14 锚栓 mechanical fixings

由尾端带圆盘的塑料膨胀套管和塑料敲击钉或具有防腐性能的金属螺钉组成，包括具有膨胀功能以及机械锁定功能两种，用于岩棉板（条）外墙外保温系统中固定保温材料于基层墙体的锚固件。

2.0.15 保温锚固射钉　insulation anchor nail

用专用射钉器将保温板固定于基层墙体的专用连接件,由圆盘塑料件、射钉构成。

2.0.16 配件　assistant component

岩棉板(条)外墙外保温系统配套使用的预压密封带、护角线条、底座托架等部件。

3 系统及系统组成材料

3.1 一般规定

3.1.1 岩棉板(条)外墙外保温系统的各层之间应具有变形协调性能。

3.1.2 岩棉板(条)外墙外保温系统各组成部分应具有物理、化学稳定性。所有组成材料应彼此相容并具有防腐性。

3.1.3 岩棉板(条)外墙外保温系统所采用的胶粘剂、抹面胶浆等均应在工厂配制成干混砂浆,现场应定量加水且不得添加其他材料组分。

3.1.4 检测数据的判定应采用现行国家标准《数值修约规则与极限数值的表示和判定》GB/T 8170 中规定的修约值比较法进行。

3.2 系统及组成材料的性能指标

3.2.1 岩棉板(条)外墙外保温系统的性能指标应符合表 3.2.1 的要求。

表 3.2.1 岩棉板(条)外墙外保温系统的性能指标

项目			性能指标	试验方法
耐候性	耐候性试验后外观		不得出现护面层空鼓或脱落等破坏,不得产生渗水裂缝	JG/T 429
	抹面层与保温层拉伸粘结强度(MPa)	岩棉条	≥0.10	
		岩棉板	岩棉板破坏	

项目			性能指标	试验方法
吸水量(g/m²)			≤500	GB/T 29906
抗冲击性(J)			≥10	GB/T 29906
湿流密度[g/(m²·h)]			≥1.8	GB/T 17146
耐冻融性能	冻融后外观		30次冻融循环后护面层无空鼓、脱落,无渗水裂缝	GB/T 29906
	护面层与保温层拉伸粘结强度(MPa)	岩棉条	≥0.10	
		岩棉板	岩棉板破坏	
	抹面层不透水性		2 h不透水	GB/T 29906

注:拉伸粘结强度试样尺寸为200 mm×200 mm。

3.2.2 岩棉板和岩棉条的性能指标除应符合现行国家标准《建筑外墙外保温用岩棉制品》GB/T 25975 的要求外,还应符合表3.2.2 的要求。

表3.2.2 岩棉板和岩棉条的性能指标

项目		性能指标		试验方法
		岩棉板	岩棉条	
导热系数(25℃±2℃)[W/(m·K)]		≤0.040	≤0.045	GB/T 10294,GB/T 10295
垂直于板面方向的抗拉强度(kPa)		≥10.0	≥100.0	GB/T 25975
湿热抗拉强度保留率(%)		≥50		GB/T 30804
横向剪切强度标准值 F_{rk}(kPa)		—	≥20	GB/T 25975
横向剪切模量(MPa)		—	≥1.0	GB/T 25975
吸水量(部分浸泡)(kg/m²)	24 h	≤0.4	≤0.5	GB/T 30805
	28 d	≤1.0	≤1.5	GB/T 30807
渣球含量(≥0.25 mm的渣球)(%)		≤7	≤7	GB/T 5480
酸度系数		≥1.8		GB/T 5480

续表3.2.2

项目	性能指标		试验方法
	岩棉板	岩棉条	
氧化钾和氧化钠含量(%)	≤4.0		GB/T 1549
体积吸水率(全浸48h)(%)	≤5.0		GB/T 5480
质量吸湿率(%)	≤0.5		GB/T 5480
尺寸稳定性(长/宽/厚)(%)	≤1.0		GB/T 25975
憎水率(%)	≥99.0		GB/T 10299
燃烧性能等级	A(A1)级		GB 8624

注:1 垂直于板面方向的抗拉强度和湿热抗拉强度保留率中试样尺寸为
200 mm×200 mm,当岩棉条宽度小于200 mm时,应以其宽度为边长取正
方形试样进行测试。
2 横向剪切强度标准值和横向剪切模量试样厚度为60 mm,若样品厚度小于
60 mm,则按实际厚度进行。

3.2.3 岩棉条组合板的芯材应采用符合本标准第3.2.2条性能指标要求的岩棉条。岩棉条组合板的性能指标应符合表3.2.3的要求。

表3.2.3 岩棉条组合板的性能指标

项 目	性能指标	试验方法
抗冲击性(J)	≥3	
吸水量(浸水1 h)(g/m²)	≤500	JGJ 144
抹面胶浆与芯材的拉伸粘结强度(MPa)	≥0.10,且破坏在保温层中	

3.2.4 网织增强岩棉板的性能指标应符合表3.2.4-1的要求。其使用的原材料应符合下列规定:

1 岩棉板应采用符合表3.2.2的性能指标的岩棉板。

2 网织用纤维网布应采用符合本标准第3.2.8条的耐碱涂覆中碱玻璃纤维网格布。

3 缝制材料应采用玄武岩纤维有捻纱,主要性能应符合表3.2.4-2的要求。

表 3.2.4-1　网织增强岩棉板的性能指标

项目	性能指标	试验方法
导热系数(25℃±2℃)[W/(m·K)]	≤0.040	GB/T 10294,GB/T 10295
湿热抗拉强度保留率(%)	≥70	GB/T 30804
燃烧性能等级	A(A1)级	GB 8624
垂直于板面方向的抗拉强度*(MPa)	≥0.10	JG/T 438
尺寸稳定性(长/宽/厚)(%)	≤0.2	GB/T 25975

注:*试件尺寸为 350 mm×350 mm,拉伸粘结面积为 200 mm×200 mm。

表 3.2.4-2　玄武岩纤维有捻纱的性能指标

项目	性能指标	试验方法
线密度(tex)	≥500	GB/T 18371
含水率(%)	≤0.10	
可燃物含量(%)	0.85±0.2	
断裂强度(N/tex)	≥0.40	

3.2.5　岩棉条、岩棉条组合板、岩棉板、网织增强岩棉板的尺寸和密度的允许偏差应符合表 3.2.5 的要求。

表 3.2.5　岩棉条、岩棉条组合板、岩棉板、网织增强岩棉板的
尺寸和密度的允许偏差

项目		允许偏差	试验方法
厚度(mm)	岩棉板/网织增强岩棉板	0～+3	GB/T 5480
	岩棉条/岩棉条组合板	0～+2	
长度(mm)		−3～+10	
宽度(mm)	岩棉板/网织增强岩棉板	+5～−3	
	岩棉条/岩棉条组合板	+3～−3	
直角偏离度(mm/m)		≤5	
平整度偏差(mm)		≤6	GB/T 25975
密度允许偏差		标称值±10%	GB/T 5480

注:本表的允许偏差值以 1 200 mm 长×600 mm 宽的岩棉条组合板/网织增强岩棉板、1 200 mm 长×150 mm 宽的岩棉条为基准,厚度为 30 mm～60 mm。

3.2.6 胶粘剂的性能指标应符合表 3.2.6 的要求。

表 3.2.6　胶粘剂的性能指标

项目		性能指标	试验方法
拉伸粘结强度（与水泥砂浆）(MPa)	标准状态	≥0.6	GB/T 29906
	浸水 48 h，干燥 2 h 后	≥0.4	
拉伸粘结强度（与岩棉条）(MPa)	标准状态	≥0.10，且破坏在岩棉条内	
	浸水 48 h，干燥 2 h 后	≥0.10，且破坏在岩棉条内	
可操作时间(h)		1.5～4.0	

注：1 用于岩棉板、岩棉条组合板或网织增强岩棉板的胶粘剂拉伸粘结强度，应测试其与岩棉条的拉伸粘结强度。
　　2 拉伸粘结试样尺寸 200 mm×200 mm，当岩棉条宽度小于 200 mm 时，应以其宽度为边长取正方形试样进行测试。

3.2.7 抹面胶浆的性能指标应符合表 3.2.7 的要求。

表 3.2.7　抹面胶浆的性能指标

项目		性能指标	试验方法
拉伸粘结强度（与水泥砂浆）(MPa)	标准状态	≥0.60	GB/T 29906
	浸水 48 h，干燥 2 h 后	≥0.40	
拉伸粘结强度（与保温层）(MPa)	标准状态	≥0.10，且破坏在岩棉条内，允许一个单值小于 0.10 且大于 0.08	
	浸水 48 h，干燥 2 h 后	≥0.10，且破坏在岩棉条内，允许一个单值小于 0.10 且大于 0.08	
柔韧性	压折比	≤3.0	
可操作时间(h)		1.5～4.0	

注：1 与岩棉板、岩棉条、岩棉条组合板或网织增强岩棉板的拉伸粘结强度根据系统所采用的材料，只测试其与岩棉条的拉伸粘结强度。
　　2 拉伸粘结试样尺寸 200 mm×200 mm，当岩棉条宽度小于 200 mm 时，应以其宽度为边长取正方形试样进行测试。

3.2.8 耐碱涂覆网布的性能指标应符合表3.2.8的要求。

表3.2.8 耐碱涂覆网布的性能指标

项目		性能指标	试验方法
单位面积质量(g/m^2)		≥160	GB/T 9914.3
拉伸断裂强力 （N/50 mm）	经向	≥1 650	GB/T 7689.5
	纬向	≥1 710	
耐碱断裂强力(经、纬向)(N/50 mm)		≥1 000	GB/T 20102
耐碱断裂强力保留率(经、纬向)(%)		≥50	
断裂伸长率(经、纬向)(%)		≤5	GB/T 7689.5

3.2.9 用于岩棉条的界面剂的性能指标应符合表3.2.9的要求。

表3.2.9 用于岩棉条的界面剂的性能指标

项目	性能指标	试验方法
容器中状态	色泽均匀,无杂质,无沉淀,不分层	GB/T 20623
冻融稳定性(3次)	无异常	
储存稳定性	无硬块,无絮凝,无明显分层和结皮	
不挥发物含量(%)	≥22	
最低成膜温度(℃)	≤0	GB/T 9267

3.2.10 锚栓和保温锚固射钉的主要性能应符合表3.2.10的要求及下列规定:

　　1 锚栓塑料膨胀套管及保温锚固射钉的圆盘塑料件应采用原生的聚酰胺(Polyamide6、Polyamide6.6)、聚乙烯(Polyethylene)、聚丙烯(Polypropylene)制造,不得使用回收的再生材料。

　　2 金属钉应采用不锈钢或经过表面防腐处理的金属制造,当采用电镀锌处理时,应符合现行国家标准《紧固件　电镀层》GB/T 5267.1的规定。零件的机械性能、尺寸、公差及粗糙度应与设计图纸相符且符合国家现行相关标准的规定。

3 锚栓膨胀套管的直径不应小于 8 mm,圆盘锚栓的圆盘直径不应小于 60 mm。

4 保温锚固射钉应根据保温层的厚度、粘结层及找平层的厚度、基层墙体的种类,选择不同规格的圆盘塑料件和不同长度的金属钉。

表 3.2.10 锚栓和保温锚固射钉的性能指标

项目		指标	试验方法
锚栓(保温锚固射钉)抗拉承载力标准值 (与 C25 混凝土基墙)(kN)		≥0.60	JG/T 366
现场单个锚栓(保温锚固射钉)抗拉承载力最小值(kN)	混凝土基墙	≥0.60	DG/TJ 08—2038
	加气混凝土基墙	≥0.30	
	其他砌体基墙	≥0.40	
锚栓(保温锚固射钉)圆盘抗拔力标准值(kN)		≥0.50	JG/T 366

3.2.11 本系统用于外墙外保温的饰面材料应采用具有良好透气性的水性外墙涂料、砂壁状涂料以及饰面砂浆等,其技术性能应符合相关产品标准的要求。饰面砂浆的性能应符合现行行业标准《墙体饰面砂浆》JC/T 1024 的要求。

3.2.12 系统中所采用的配件,包括金属护角、密封条、底座托架等,应分别符合相应的产品标准要求。

3.3 系统组成材料包装、运输、装卸和贮存要求

3.3.1 材料与配件的包装应符合下列规定:

1 岩棉板、岩棉条、岩棉条组合板或网织增强岩棉板应采用防水塑料薄膜袋包装。

2 胶粘剂、抹面胶浆等干混砂浆类产品应采用防潮纸袋或专用包装袋包装,并予密封。界面剂应桶装密封。

3 耐碱涂覆网布应整齐地卷在内壁印有企业名称与商标的

硬质纸管上,不得有折叠和不均匀现象,并用防水防潮塑料袋包装;其应竖直堆放且不宜叠置,如叠置不应超过2层。

    4 锚栓、保温锚固射钉及配件应用纸盒或纸箱包装。

    5 包装袋上应标明产品名称、型号与数量、标准号、生产日期与保质期、生产单位与地址,干混砂浆类产品还应注明现场拌制的加水量。

3.3.2 材料在运输、装卸和贮存过程中应防潮、防雨、防暴晒,包装袋不得破损,应在干燥、通风的室内架空贮存。

3.3.3 胶粘剂与抹面胶浆的保质期为6个月,贮存时间超过保质期的产品严禁出厂。严禁使用已结块的干混砂浆产品。

4 设 计

4.1 一般规定

4.1.1 涂料饰面的岩棉板（条）外墙外保温系统应选用岩棉条、岩棉条组合板以及网织增强岩棉板，用于非透明幕墙中保温构造的保温材料可选用岩棉板、岩棉条、岩棉条组合板以及网织增强岩棉板。

4.1.2 本系统适用于抗震设防烈度为 7 度区域设防类别为乙类及丙类的建筑物。应用高度不应大于 100 m，用于非透明幕墙的保温构造可不受高度限制。

4.1.3 本系统应包覆门窗洞口、女儿墙以及凸窗非透明侧板、顶板及底板等热桥部位。

4.1.4 建筑物屋面外保温以及地下室墙体外保温不应采用本系统。凸窗顶板等建筑水平出挑部位宜采用其他防水、抗压性能较好的保温系统。

4.1.5 本系统饰面层严禁采用饰面砖。

4.1.6 本系统采用密封和防水构造设计，保温层和基层不应渗水，重要部位应有构造详图。墙体上安装的设备或管道应固定于基层墙体，并做好密封和防水处理，预留出外保温系统的厚度。用于非透明幕墙内的保温构造层时，幕墙龙骨、设备或管道等应位于外保温系统外侧，其连接固定构件应预留出外保温系统的厚度，并应做好保温系统的密封和防水处理。

4.2 构造设计

4.2.1 岩棉板（条）外墙外保温系统由粘结层、保温层、抹面层、饰面层等构成,基本构成见表 4.2.1-1,用于非透明幕墙保温构造中的岩棉板(条)系统基本构成见表 4.2.1-2。

表 4.2.1-1　岩棉板(条)外墙外保温系统基本构成

基层	系统构造层次			
	粘结层	保温层	抹面层	饰面层
混凝土或各种砌体墙+找平层	胶粘剂	岩棉条(双面涂刷界面剂)	抹面胶浆+耐碱涂覆网布(两层)+锚栓或保温锚固射钉(两层网布之间)	底涂+饰面砂浆
				柔性耐水腻子+底涂+具有透气性的外墙涂料
		岩棉条组合板/网织增强岩棉板	锚栓或保温锚固射钉(板外侧)+抹面胶浆+耐碱涂覆网布(一层)	底涂+饰面砂浆
				柔性耐水腻子+底涂+具有透气性的外墙涂料

表 4.2.1-2　用于非透明幕墙保温构造层中的岩棉板(条)基本构成

基层	构造层次		
	粘结层	保温层	抹面层
混凝土或各种砌体墙+找平层	胶粘剂	岩棉板岩棉条	抹面胶浆+耐碱涂覆网布(一层)+锚栓或保温锚固射钉(网布外)
		岩棉条组合板网织增强岩棉板	锚栓或保温锚固射钉(网布内)+抹面胶浆+耐碱涂覆网布(一层)

4.2.2 岩棉条外墙外保温系统的基本构造见图 4.2.2,且应符合下列规定:

1 岩棉条的两个粘贴面在上墙粘贴前均应采用界面剂涂刷,并采用胶粘剂及抹面胶浆进行处理。

2 岩棉条与基墙的连接应采用粘贴加锚固的方式固定,其与基墙应采用有效粘贴面积 100% 进行粘贴,且粘结层厚度不应小于 3 mm。

3 抹面层中均应内置两层耐碱涂覆网布,锚栓或保温锚固射钉应设置在两层网布之间。抹面层的厚度应为 5 mm～7 mm。

4 岩棉条的最小应用厚度不应小于 30 mm（除门窗洞口之外）。

5 饰面层应采用具有良好透气性能的饰面砂浆、外墙涂料等材料，不得采用弹性涂料。

6 锚栓或保温锚固射钉的设置应符合本标准第 4.2.8 条的规定。

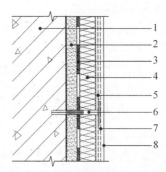

1—基层墙体;2—找平层;3—粘结层;4—岩棉条保温层;
5—第一道抹面砂浆层和耐碱涂覆网布;6—锚栓或保温锚固射钉;
7—第二道抹面砂浆和耐碱涂覆网布＋第三道抹面胶浆;
8—饰面层

图 4.2.2　岩棉条外墙外保温系统基本构造

4.2.3 岩棉条组合板和网织增强岩棉板外墙外保温系统的构造应符合下列规定：

1 岩棉条组合板和网织增强岩棉板与基墙的连接应采用粘、锚结合工艺，其与基墙应采用满粘法进行粘贴，且粘结层厚度不应小于 3 mm。

2 锚栓应设置在岩棉条组合板或网织增强岩棉板外侧，抹面层中应设置一层耐碱涂覆网布，且抹面层的厚度应为 3 mm～5 mm。

3 岩棉条组合板或网织增强岩棉板的最小应用厚度不应小于 30 mm。

4 饰面层应采用具有良好透气性能的饰面砂浆、外墙涂料等材料,不得采用弹性涂料。

5 锚栓或保温锚固射钉的设置应符合本标准第4.2.8条的规定。

4.2.4 非透明幕墙保温构造层的岩棉板(条)的基本构造见图4.2.4,且应符合下列规定:

1 岩棉保温层应为符合本标准要求的岩棉板、岩棉条、岩棉条组合板或网织增强岩棉板。

2 采用岩棉条时,其两个粘贴面在上墙粘贴前应采用界面剂涂刷,并采用胶粘剂及抹面胶浆进行处理。岩棉条与基墙的连接应采用粘贴加锚固的方式固定,其与基墙的有效粘结面积为100%,且粘结层厚度不应小于3 mm。

3 采用岩棉板和网织增强岩棉板时,其与基墙的粘结界面以及与抹面层的界面需采用胶粘剂及抹面胶浆进行表面处理。岩棉板、岩棉条组合板或网织增强岩棉板与基墙的连接应采用粘贴加锚固的方式固定,其与基墙的有效粘结面积不应小于60%。

4 抹面层中应内置一层耐碱涂覆网布,采用岩棉板或岩棉条时锚栓应设置在网布外侧,采用岩棉条组合板或网织增强岩棉板时锚栓或保温锚固射钉可设置在网布内侧,抹面层的厚度应为3 mm~5 mm。

5 岩棉板、岩棉条、岩棉条组合板或网织增强岩棉板的最小应用厚度不应小于30 mm。

6 锚栓或保温锚固射钉的设置应符合本标准第4.2.8条的规定。

4.2.5 外墙外保温系统应对外墙阴阳角及门窗洞口侧面采用下列增强措施:

1 应在外墙阳角抹面层双层网格布的内侧设置塑料护角线条实施增强。采用带网格布的护角线条时,线条附带网布应与抹面层中的网格布搭接,见图4.2.5-1,搭接长度不应小于200 mm。

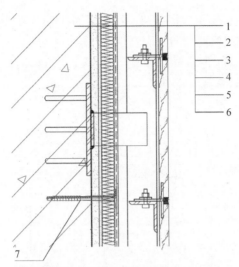

1—基层墙体；2—找平层；3—粘结层；4—岩棉保温层；
5—抹面砂浆层和耐碱涂覆网布；6—幕墙板；
7—锚栓或保温锚固射钉

图 4.2.4 岩棉板(条)外墙外保温基本构造(非透明幕墙)

采用不带网布的护角线条时，护角线条应先用抹面胶浆粘贴在保温层上，网格布位于护角线条的外侧。用于非透明幕墙保温构造层时，阴阳角均设置一道网布即可。

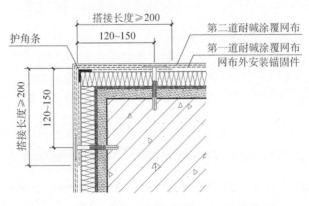

图 4.2.5-1 外墙阳角部位的增强处理(mm)

2 应在外墙阴角抹面层采用单层网格布实施增强处理。

3 外墙门窗洞口四角均应在45°方向加贴300 mm×400 mm的长方形网格布进行增强，见图4.2.5-2。门窗洞口外侧四周阴角处应选用与窗台同宽且长为300 mm（每边150 mm）的一层窄幅耐碱涂覆网布进行增强，见图4.2.5-3。

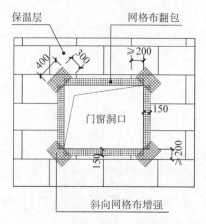

图4.2.5-2 门窗洞口四角网布增强处理(mm)

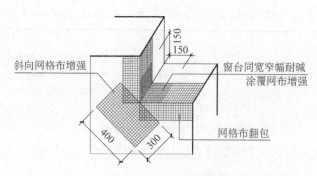

图4.2.5-3 门窗洞口四周阴角网布增强处理(mm)

4.2.6 门窗洞口内侧周边墙面对保温层应用网布实施包覆，其保温层的厚度由工程设计确定，且不应小于20 mm。保温层与门窗洞口部位的缝隙处可采用预压密封带或嵌填密封膏等措施实施密封防水。其他构造应符合幕墙设计要求。

4.2.7 系统的下列终端部位应采用内置附加网格布对岩棉板（带）实施翻包，翻包时网格布在粘结层中的长度不小于 100 mm。勒脚、女儿墙与屋面交界处等部位应安装底座托架，可不需要附加网格布的翻包。

1 勒脚、阳台、雨棚、女儿墙顶部等系统尽端处。

2 墙身变形缝等需要终止系统的部位。

4.2.8 本系统的锚栓或保温锚固射钉及其设置应符合下列规定：

1 应根据基层墙体的类型、保温层的厚度以及抗风压验算结果选择合适品种以及长度的锚栓或保温锚固射钉，锚栓的性能应符合本标准第 3.2.10 条的要求。

2 外墙外保温系统中应用高度 60 m～100 m 的锚栓或保温锚固射钉，每平方米不少于 8 个；应用高度低于或等于 60 m 的锚栓或保温锚固射钉，每平方米不少于 6 个。

3 用于非透明幕墙的保温构造层的锚栓或保温锚固射钉，每平方米不少于 6 个。

4 任何面积大于 0.1 m² 的单块岩棉带组合板或网织增强岩棉板应设 1 个锚栓。

5 岩棉板（条）外墙外保温系统中，对建筑物外墙阳角两侧距墙角 300 mm 范围内、门窗洞口四周 100 mm～150 mm 范围内、凸窗底板、屋面挑檐口下及出挑楼板下口等部位，锚栓均应进行加密设置，锚栓数量比一般墙面增加不应少于 50%。

6 锚栓或保温锚固射钉进入基层墙体的有效锚固深度不应小于 30 mm；当基层墙体为加气混凝土制品时，其进入的有效锚固深度不应小于 50 mm；当基层墙体为多孔砖或空心砌块制品且壁厚小于 25 mm 时，应选用具有机械锁定功能的锚栓。

7 锚栓或保温锚固射钉安装后应在其圆盘外侧涂抹一道抹

面胶浆做防水处理。

4.2.9 岩棉板(条)外墙外保温系统不应覆盖墙体变形缝。

4.2.10 各种穿墙管道和构件应预埋,宜采用预埋套管。本系统与穿墙构件之间缝隙应采用预压密封带或其他密封材料做防水柔性封堵。

4.2.11 勒脚的构造设计应符合下列规定:

   1 散水以上 600 mm 高度范围及地下工程的外保温系统应采用吸水率低的保温材料并满粘于基层墙体上,系统外表面应做防水处理;第一排保温板下部应使用镀锌膨胀螺栓安装经防腐处理的金属托架。

   2 外保温工程与散水之间应做防水处理。

4.2.12 女儿墙外侧保温应按照本标准第 4.2.1 条构造要求实施,女儿墙内侧保温层的高度距离屋面完成面不应低于 300 mm。女儿墙顶面及内侧面应采用其他防水性能好的保温材料进行保温处理,且女儿墙顶面应设置混凝土压顶或金属板盖板。

4.3 热工设计

4.3.1 本系统用于民用建筑外墙保温的保温层厚度,应根据现行建筑节能设计标准,通过热工计算确定。

4.3.2 岩棉板、岩棉条、岩棉条组合板和网织增强岩棉板等岩棉保温材料用于外墙保温时,其导热系数和蓄热系数及其修正系数应按表 4.3.2 取值。

表 4.3.2 岩棉保温材料的导热系数、蓄热系数及修正系数

材料类型	导热系数 λ [W/(m·K)]	蓄热系数 S [W/(m²·K)]	修正系数 a
岩棉板	0.040	0.75	1.2
岩棉条	0.045	0.75	1.2

材料类型	导热系数 λ [W/(m·K)]	蓄热系数 S [W/(m²·K)]	修正系数 a
岩棉条组合板	0.045	0.75	1.2
网织增强岩棉板	0.040	0.70	1.2

4.3.3 岩棉条组合板以及网织增强岩棉板,应按照保温芯材的厚度进行节能计算。

5 施 工

5.1 一般规定

5.1.1 施工前,应根据设计和本标准要求以及有关的技术标准编制针对工程项目的节能保温工程专项施工方案,并对施工人员进行技术交底和专业技术培训。

5.1.2 施工方案应符合现行国家标准《建设工程施工现场消防安全技术规范》GB 50720 的有关规定。

5.1.3 应按照经审查合格的设计文件和经审查批准的用于工程项目的节能保温专项施工方案进行施工。

5.1.4 施工时,保温系统供应商应安排专业人员在施工过程中进行现场指导,并配合施工单位和现场监理做好施工质量控制工作。

5.1.5 系统组成材料进场必须经过验收;所有系统组成材料必须入库,并有专人保管,严禁露天堆放。

5.1.6 岩棉板(条)外墙外保温系统施工应符合下列规定:

1 基层墙体必须设找平层,门窗框或辅框应安装完毕,找平层和门窗洞口的施工质量应验收合格。

2 伸出墙面的水落管、消防梯,穿越墙体洞口的进户管线、空调口预埋件、连接件等应安装完毕,并按外保温系统的设计厚度留出间隙。

3 施工机具和劳防用品应配备齐全。

4 施工脚手架应搭设牢固。脚手架水平杆、立杆与墙面、墙角的间距应符合施工要求,验收合格方可使用。

5 基层墙体应坚实平整、干燥,不得有开裂、松动或泛碱,水泥砂浆找平层的粘结强度、平整度及垂直度应符合相关标准的要求。

　　6　大面积施工前,应在现场采用相同材料和工艺制作样板墙或样板间,并经有关方确认后方可进行工程施工。

　　7　应对锚栓或保温锚固射钉进行现场拉拔试验,其性能应符合本标准第 3.2.10 条的规定。

　　8　施工期间及完工后 24 h 内,基层及施工环境空气温度不应低于 5℃。夏季施工应避免阳光暴晒;超过 35℃及 5 级大风以上和雨雪天不得施工。保温材料上墙粘贴后应立即采用抹面胶浆进行表面处理、找平。

5.1.7　送到施工现场的系统组成材料,应按相关规定见证取样,送有资质的检测机构复验,检验合格后方可使用。

5.2 施工流程

5.2.1 岩棉条外墙外保温系统施工工艺流程应符合图 5.2.1 的
要求。

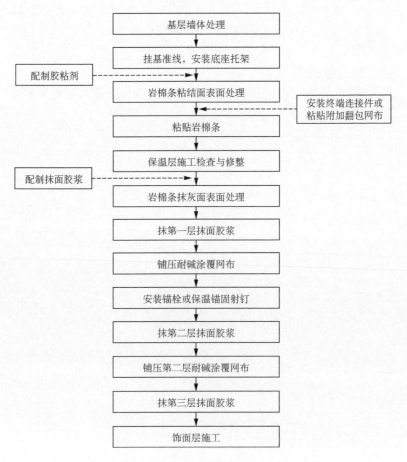

图 5.2.1 岩棉条外保温系统施工工艺流程图

5.2.2 岩棉条组合板或网织增强岩棉板外墙外保温系统施工工艺流程应符合图 5.2.2 的要求。

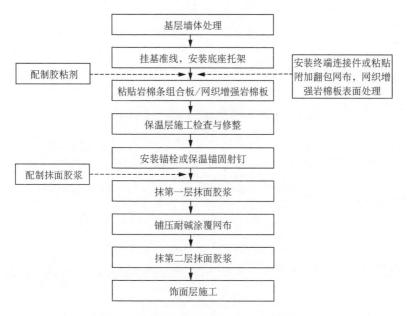

图 5.2.2 岩棉条组合板或网织增强岩棉板外墙外保温系统施工工艺流程图

5.2.3 非透明幕墙保温构造用岩棉板(条)外墙外保温系统施工工艺流程应符合图5.2.3的要求。

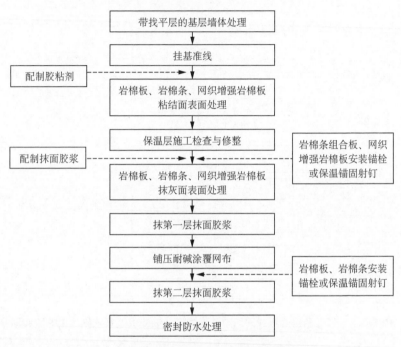

图 5.2.3 非透明幕墙保温构造用岩棉板(条)外墙
外保温系统施工工艺流程图

5.2.4 施工过程中必须按施工流程规定,合理安排各工序,保证各工序间的衔接和间隔时间,不应随意改变施工顺序。

5.3 施工要求

5.3.1 基层墙体处理应符合下列规定:

1 墙体应坚实平整,表面应无灰尘、浮浆、油渍、锈迹、霉点、析出盐类和杂物等附着物。空鼓、疏松及风化部分应剔除干净。

2 基层墙体外侧应采用符合相关标准要求的预拌砂浆做找平层。混凝土墙、混凝土空心砌块以及灰砂砖砌体做水泥砂浆找平层前,应对基层墙面涂刷界面剂。

3 基层墙体为加气混凝土制品时,应涂刷专用界面剂,在涂刷专用界面剂后采用专用的薄型抹灰砂浆找平。

4 用于既有建筑外墙的节能保温改造时,应对基层墙体的表面做可靠的预处理,处理后的基墙符合节能保温改造施工要求。

5 基层墙体经处理后,其表面平整度、立面垂直度、阴阳角、方正度均应符合现行国家标准《建筑装饰装修工程质量验收标准》GB 50210 中普通抹灰的要求。

5.3.2 控制线及基准线应符合下列规定:

1 应根据建筑立面设计和外保温技术要求,在墙面弹出外门窗口水平、垂直控制线以及伸缩缝线等。

2 应在建筑外墙阳角、阴角及其他必要处挂垂直基准线,每个楼层适当位置弹水平线,控制岩棉板、岩棉条、岩棉条组合板及网织增强岩棉板的垂直度。

5.3.3 岩棉板、岩棉条、岩棉条组合板及网织增强岩棉板粘贴面的表面处理应符合下列要求:

1 岩棉板、岩棉条及网织增强岩棉板粘贴前,应对整块板(带)的粘贴面做表面处理,采用不锈钢抹刀将厚 1 mm 左右的胶粘剂批刮入岩棉板、岩棉条及网织增强岩棉板的表层纤维中。

2 待粘贴面的表面处理层晾干后,粘贴岩棉板、岩棉条及网织增强岩棉板。

3 岩棉条组合板不需表面处理。

5.3.4 岩棉板、岩棉条、岩棉条组合板以及网织增强岩棉板粘贴应符合下列要求:

1 粘贴前,应根据设计要求确定安装位置。

2 胶粘剂应在现场制备,按胶粘剂产品说明书要求的加水量,先加水后加料,在砂浆搅拌机中搅拌 3 min～5 min 至均匀无块状,静置 5 min～10 min 后再搅拌一次即可使用,应避免太阳直射,并控制在可操作时间内用完,已表面结皮或凝结的胶粘剂不得再加水搅拌使用。

3 岩棉板、岩棉条、岩棉条组合板及网织增强岩棉板应自下而上沿水平方向横向铺贴,板缝自然靠紧,相邻板面应平齐;上、下排之间应错缝 1/2 板长,局部最小错缝不应小于 200 mm。

4 胶粘剂在岩棉板粘贴面上的布胶可采用点框法,布胶部位宜与锚固件位置相对应,板边一周涂抹不小于 80 mm 宽的胶粘剂,中间粘结点的圆形直径不小于 200 mm,岩棉板与基层墙面的实际有效粘结面积不应小于岩棉板面积的 60%。岩棉条、岩棉条组合板及网织增强岩棉板应采用满铺法,与基层墙面的有效粘贴面积为 100%。岩棉板、岩棉条、岩棉条组合板及网织增强岩棉板的侧面不得涂抹或粘有胶粘剂,板间缝隙不得大于 1 mm,板间高差不得大于 1.5 mm。

5 对岩棉板、岩棉条、岩棉条组合板及网织增强岩棉板各终端部位(侧边外露处)均应在贴板(带)前先行粘贴翻包用的附加窄幅网布,翻包宽度不小于 100 mm。

6 在墙面转角处,岩棉板、岩棉条、岩棉条组合板及网织增强岩棉板的垂直缝应交错互锁;门窗洞口角部的岩棉板,应采用整块岩棉板裁出,角部离板缝的距离不小于 200 mm。岩棉条的垂直缝离角部的距离不小于 200 mm。岩棉板、岩棉条、岩棉条组合板及网织增强岩棉板的裁割可采用木工锯或带齿的刀。阳角处的岩棉条(悬挑部位)宜事先采用附加网布翻包。

7 粘贴后应用 2 m 的靠尺进行压平操作,用水平尺检查其平整度。

8 岩棉板、岩棉条、岩棉条组合板及网织增强岩棉板保温层与门窗框的接口处宜在岩棉板、岩棉条、岩棉条组合板及网织增强岩棉板施工前设置门窗连接线条,变形缝部位设置变形缝线条,也可在相关接口处设置附加翻包网布,并应实施防水密封。穿过岩棉板、岩棉条、岩棉条组合板及网织增强岩棉板的穿墙管线与构件,其出口部位应用预压密封带实施包转密封。

5.3.5 抹面层施工应符合下列要求:

1 岩棉板、岩棉条及网织增强岩棉板粘贴完毕后,应对其抹灰面进行表面处理,将抹面胶浆压入岩棉板、岩棉条及网织增强岩棉板的表层纤维中。抹面胶浆的制备应按照本标准第5.3.4条中第2款的要求进行。

2 待表面处理层晾干后,应采用抹面胶浆进行找平。

3 找平施工后1 d~2 d可进行抹面层施工。抹面胶浆应先用不锈钢锯齿抹刀抹灰,后用大抹刀抹平,并趁湿压入耐碱涂覆网布,待胶浆稍干硬至可以触碰时安装锚栓或保温锚固射钉,锚栓或保温锚固射钉的安装位置、数量及入墙深度应符合设计要求,采用冲击钻或电锤钻孔,钻孔深度应大于锚固深度10 mm,安装时,塑料圆盘应紧压耐碱涂覆网布。

4 岩棉条组合板可不做表面处理与找平施工,直接按设计要求进行锚栓安装,锚栓安装在岩棉条组合板上。锚栓或保温锚固射钉安装后应在其圆盘外侧涂抹一道抹面胶浆做防水处理。

5 对于设置两层耐碱涂覆网布的系统,锚栓或保温锚固射钉完成圆盘防水处理后可进行第二道抹面胶浆施工,用抹刀批抹面胶浆并抹平,趁湿压入第二层耐碱涂覆网布。第三道抹面胶浆可在前一道抹面胶浆稍干时进行,抹面层厚度应为5 mm~7 mm。养护5 d~7 d后,方可进行饰面层施工。

6 耐碱涂覆网布的铺设应抹平、找直,并保持阴阳角的方正和垂直度,其上下、左右之间均应有搭接,搭接宽度不应小于100 mm。耐碱涂覆网布不得直接铺设在岩棉板、岩棉条、岩棉条组合板及网织增强岩棉板表面,不得外露,不得干搭接。

7 门窗外侧洞口四周的网布以及按45°方向加贴的小块网布应在抹面层大面积施工前依次用抹面胶浆局部粘贴,其中,洞口四周可用翻包岩棉板、岩棉条、岩棉条组合板及网织增强岩棉板的网布包转 150 mm，并与墙面的网布搭接。

5.3.6 饰面层施工应符合下列要求：

1 饰面层为饰面砂浆时，抹面层上必须涂刮底涂层。

2 饰面砂浆的批刮应采用不锈钢抹刀，再按设计要求的效果用塑料打磨板打磨，饰面砂浆的厚度不应小于 1.5 mm 且不大于 6 mm。

3 饰面砂浆的施工应连续进行，施工间断应设置在阳角及腰线等部位。

4 涂料饰面时，抹面层施工完成后至少 7 d 后进行，必须在抹面层上用柔性耐水腻子找平后刷涂料，不得采用普通的刚性腻子取代柔性耐水腻子。

5.3.7 用于非透明幕墙基墙外侧的施工参照普通墙面的做法，耐碱涂覆网布仅需设置一层。岩棉板、岩棉条、岩棉条组合板及网织增强岩棉板与幕墙构件之间应做好防水密封构造处理。

5.4 成品保护

5.4.1 应做好岩棉板（条）外墙外保温系统半成品和成品的保护。

5.4.2 各构造层材料在完全固化前应防止淋水、撞击和振动。墙面损坏处以及使用脚手架所预留的孔洞应采用相同的材料进行修补。

6 质量验收

6.1 一般规定

6.1.1 应用本系统的墙体节能工程质量验收应符合现行国家标准《建筑工程施工质量验收统一标准》GB 50300、《建筑装饰装修工程质量验收标准》GB 50210、《建筑节能工程施工质量验收标准》GB 50411 和现行行业标准《外墙外保温工程技术标准》JGJ 144 以及现行上海市工程建设规范《建筑节能工程施工质量验收规程》DGJ 08—113 的相关要求以及本标准的要求。

6.1.2 墙体节能保温工程的质量验收应包括施工过程中的质量检查、隐蔽工程验收和检验批验收，施工完成后应进行墙体节能分项工程验收。

6.1.3 墙体节能工程验收检验批划分应符合下列规定：

　　1 采用相同材料、工艺和施工做法的墙面和楼板，每 500 m² ～ 1 000 m² 面积划分为一个检验批，不足 500 m² 也作为一个检验批。

　　2 检验批的划分也可根据施工流程相一致且方便施工与验收的原则，由施工单位与监理（建设）单位共同商定，但一个检验批的面积不应大于 3 000 m²。

6.1.4 应用本系统的墙体节能保温工程应对下列部位或内容进行隐蔽工程验收，应有详细的文字记录和必要的影像资料。

　　1 保温层附着的基层（包括水泥砂浆找平层）及其处理。

　　2 岩棉板、岩棉条及网织增强岩棉板的表面处理。

　　3 岩棉板、岩棉条、岩棉条组合板及网织增强岩棉板的胶粘剂粘贴面积。

　　4 保温层的厚度。

5 网格布的层数,铺设及搭接。

6 锚栓或保温锚固射钉的设置。

7 各加强部位以及门窗洞口和穿墙管线部位的处理。

6.1.5 应有保温材料防潮、防水、防挤压等保护措施的核查记录。

6.1.6 本系统保温节能工程的竣工验收应提供下列资料,并纳入竣工技术档案:

1 保温节能工程设计文件、图纸会审纪要、设计变更文件和技术核定手续。

2 保温节能工程设计文件审查通过文件。

3 通过审批的保温节能工程的施工组织设计和专项施工方案。

4 保温节能工程使用材料、成品、半成品、设备及配件的产品合格证、有效期内的型式检验报告和进场复验报告。

5 保温节能工程的隐蔽工程验收记录。

6 检验批,分项工程验收记录。

7 监理单位过程质量控制资料及建筑节能专项质量评估报告。

8 其他必要的资料,包括样板墙或样板间的工程技术档案资料。

6.2 主控项目

6.2.1 墙体节能保温工程施工前应按照设计和施工方案的要求对基层墙体进行处理,处理后的基层应符合施工方案的要求。

检查方法:对照设计和施工方案观察检查;核查隐蔽工程验收的记录。

检查数量:全数检查。

6.2.2 系统以及各组成材料与配件的品种、规格、性能应符合设计要求和本标准的规定。

检查方法:观察、尺量和称重检查;核查质量证明文件和有效期内的型式检验报告。

检查数量:按进场批次,每批随机抽取 3 个试样进行检查;质量证明文件和型式检验报告按照其出厂检验批次进行核查。

6.2.3 岩棉板、岩棉条、岩棉条组合板和网织增强岩棉板的导热系数、垂直于板面的抗拉强度、吸水量,胶粘剂和抹面胶浆的拉伸粘结强度,耐碱涂覆网布的耐碱断裂强力及保留率,锚栓或保温锚固射钉的抗拉承载力标准值应符合设计要求和本标准的规定。进场时应进行复验,复验应为见证取样送检。

检查方法:核查质量证明文件和有效期内的型式检验报告及进场复验报告。

检查数量:按现行上海市工程建设规范《建筑节能工程施工质量验收规程》DGJ 08—113 的规定。

6.2.4 墙体节能保温工程的构造做法应符合设计及本标准对系统的构造要求。门窗外侧洞口周边墙面和凸窗非透明的顶板、侧板和底板应按设计和本标准要求采取保温措施。

检查方法:对照设计和施工方案观察检查;核查施工记录和隐蔽工程验收记录。必要时应用抽样剖开检查或外墙节能构造的现场实体检验方法。

检查数量:每个检验批抽查不少于 3 次,现场实体检验的数量按现行国家标准《建筑节能工程施工质量验收标准》GB 50411 的规定。

6.2.5 现场检验岩棉板、岩棉条保温层的平均厚度应符合设计要求,岩棉条组合板和网织增强岩棉板应检验其芯材的厚度。

检查方法:核查保温材料进场验收记录以及隐蔽工程验收记录;剖开尺量检查或现场钻芯检验。

检查数量:按检验批数量,每个检验批抽查不少于 3 处。现场钻芯检验的数量按现行国家标准《建筑节能工程施工质量验收标准》GB 50411 的规定。

6.2.6 岩棉板、岩棉条及网织增强岩棉板的表面处理应符合本标准的规定,岩棉板、岩棉条、岩棉条组合板及网织增强岩棉板与基层及各构造层之间的粘结和连接必须牢固。粘结强度与连接方式应符合设计要求和本标准的规定。

  检查方法:观察;现场拉拔试验;核查粘结强度试验报告以及隐蔽工程验收记录。

  检查数量:每个检验批检查不少于 3 处。

6.2.7 锚栓或保温锚固射钉数量、位置、锚固深度和锚栓或保温锚固射钉的拉拔力应符合设计要求和本标准的规定。

  检查方法:核查施工记录和隐蔽工程验收记录;进行现场单个锚栓或保温锚固射钉拉拔承载力最小值试验。

  检查数量:每个检验批检查不少于 3 处。

6.2.8 抹面层中的耐碱涂覆网布的铺设层数及搭接长度应符合设计要求和本标准的规定。

  检查方法:观察检查、直尺测量;核查施工记录和隐蔽工程验收记录。

  检查数量:每个检验批抽查不少于 5 处,每处不少于 2 m²。

6.3 一般项目

6.3.1 本系统各组成材料与配件进场时的外观和包装应完整无破损,符合设计要求和产品标准的规定。

  检查方法:观察检查。

  检查数量:全数检查。

6.3.2 抹面层中应有的网布均应铺设严实,不应有空鼓、干铺、褶皱、外露等现象,搭接长度应符合设计要求和本标准的规定。

  检查方法:观察检查、直尺测量;核查施工记录和隐蔽工程验收记录。

检查数量:每个检验批抽查不少于 5 处,每处不少于 2 m²。

6.3.3 外墙保温系统面层的允许偏差和检查方法应符合表 6.3.3 要求。

表 6.3.3 外墙保温系统面层的允许偏差及检查方法

项目	允许偏差	检查方法
表面平整度(mm)	4	用 2 m 靠尺和塞尺检查
立面垂直度(mm)	4	用 2 m 靠尺检查
阴阳角方正(mm)	4	用直角尺检查
伸缩缝线条直线度(mm)	4	拉 5 m 线,不足 5 m 拉通线,用钢直尺检查

引用标准名录

1 《建筑工程施工质量验收统一标准》GB 50300
2 《建筑节能工程施工质量验收标准》GB 50411
3 《建设工程施工现场消防安全技术规范》GB 50720
4 《建筑装饰装修工程质量验收标准》GB 50210
5 《纤维玻璃化学分析方法》GB/T 1549
6 《紧固件　电镀层》GB/T 5267.1
7 《矿物棉及其制品试验方法》GB/T 5480
8 《增强材料　机织物试验方法　第5部分:玻璃纤维拉伸断裂强力和断裂伸长的测定》GB/T 7689.5
9 《数值修约规则与极限数值的表示和判定》GB/T 8170
10 《建筑材料及制品燃烧性能分级》GB 8624
11 《涂料用乳液贺涂料、塑料用聚合物分散体　白点温度和最低成膜温度的测定》GB/T 9267
12 《增强制品试验方法　第3部分:单位面积质量的测定》GB/T 9914.3
13 《绝热材料稳态热阻及有关特性测定　防护热板法》GB/T 10294
14 《绝热材料稳态热阻及有关特性测定　热流计法》GB/T 10295
15 《绝热材料憎水性试验方法》GB/T 10299
16 《建筑材料及其制品水蒸气透过性能试验方法》GB/T 17146
17 《连续玻璃纤维纱》GB/T 18371

18 《玻璃纤维网布耐碱性试验方法　氢氧化钠溶液浸泡法》GB/T 20102

19 《建筑涂料用乳液》GB/T 20623

20 《建筑外墙外保温用岩棉制品》GB/T 25975

21 《模塑聚苯板薄抹灰外墙外保温系统材料》GB/T 29906

22 《建筑用绝热制品　垂直于表面抗拉强度的测定》GB/T 30804

23 《建筑用绝热制品　部分浸入法测定短期吸水量》GB/T 30805

24 《建筑用绝热制品　浸泡法测定长期吸水性》GB/T 30807

25 《外墙外保温工程技术标准》JGJ 144

26 《外墙保温用锚栓》JG/T 366

27 《外墙外保温系统耐候性试验方法》JG/T 429

28 《墙体饰面砂浆》JG/T 1024

29 《建筑节能工程施工质量验收规程》DGJ 08—113

30 《建筑围护结构节能现场检测技术标准》DG/TJ 08—2038

本标准用词说明

1 为便于在执行本标准条文时区别对待,对要求严格程度不同的用词说明如下:

 1) 表示很严格,非这样做不可的用词:

   正面词采用"必须";

   反面词采用"严禁"。

 2) 表示严格,在正常情况下均应这样做的用词:

   正面词采用"应";

   反面词采用"不应"或"不得"。

 3) 表示允许稍有选择,在条件许可时首先应这样做的用词:

   正面词采用"宜";

   反面词采用"不宜"。

 4) 表示有选择,在一定条件下可以这样做的用词,采用"可"。

2 条文中指明应按其他有关标准执行时的写法为"应符合……的规定"或"应按……执行"。

标准上一版编制单位及人员信息

DG/TJ 08—2126—2013

主 编 单 位：同济大学
上海市建筑科学研究院（集团）有限公司
上海中房建筑设计有限公司

参 编 单 位：上海市建设工程安全质量监督总站
闵行区建筑节能办公室
上海市金山区建筑管理署
上海新型建材岩棉有限公司

参 加 单 位：上海曹杨建筑粘合剂厂
保密特建筑材料（上海）有限公司
上海申得欧有限公司
洛科威防火保温材料（广州）有限公司
苏州大乘环保建材有限公司
汉高粘合剂有限公司
宜兴市王氏保温防水材料有限公司
宁波卫山多宝建材有限公司
圣戈班伟伯绿建建筑材料（上海）有限公司
庞贝捷涂料（上海）有限公司
江苏卧牛山保温防水技术有限公司
上海友朋建材有限公司
上海福卡建材有限公司
长兴金丰建材有限公司

主要起草人：张永明　李德荣　姜秀清　张德明　潘延平
　　　　　　周海波　张秀俊　钮正喜　钱丹萍　唐锋英
　　　　　　乐海琴　刘明明　赵　红　邱　童　谢永盛
　　　　　　邢大庆　鲍　娜　熊少波　王晓棠　于　龙
主要审查人：陆善后　王惠章　赵海云　居世钰　陈华宁
　　　　　　王宝海　周　东　车学娅

上海市工程建设规范

外墙外保温系统应用技术标准(岩棉)

DG/TJ 08—2126—2023
J 12395—2023

条 文 说 明

2024　上海

目　次

Contents

1 总 则

1.0.1 根据上海市住房和城乡建设管理委员会《关于公布〈上海市禁止或者限制生产和使用的用于建设工程的材料目录(第五批)〉的通知》(沪建建材〔2020〕539号)要求,2020年11月1日前未通过施工图设计文件审查备案的项目以及2020年12月31日前尚未开始墙体节能工程施工的项目,均应当严格执行。其中,第1条明确规定施工现场采用胶粘剂或锚栓以及两种方式组合的施工工艺外墙外保温系统(保温装饰复合板除外),禁止在新建、改建、扩建的建筑工程外墙外侧作为主体保温系统设计使用。第2条,岩棉保温装饰复合板外墙外保温系统禁止在新建、改建、扩建的建筑工程外墙外侧作为主体保温系统设计使用。

2021年,上海市住房和城乡建设管理委员会发布了《外墙保温系统及材料应用统一技术规定(暂行)》,其中在第10.0.1-3条幕墙保温系统性能要求中规定了封闭式石材、金属幕墙保温系统用岩棉的性能要求,在第10.0.2条幕墙保温系统的设计规定中要求封闭式幕墙中的薄抹灰系统宜采用单层玻纤网。

本标准根据上述文件的要求,对建筑物采用岩棉板(条)外墙外保温系统的做法进行了相关修订及完善,为该保温做法提供技术支撑及验收依据。

1.0.2 本条明确了本标准的适用范围。除禁限目录规定的禁止使用的场合,其他均可使用。如:用在其他保温工程的辅助保温或局部保温、既有建筑修缮的节能改造工程等。

1.0.3 本系统在节能保温工程应用的设计、施工与验收中,凡涉及国家、行业和本市相关标准或规定,应同时遵守标准或规定的要求,特别是其中的强制性条文,这是确保正确使用与安全使用的需要。

2 术 语

2.0.3 原规程的名称为岩棉带,因建设部发布的相关标准中定义为岩棉条,为保持一致,本次标准修改为岩棉条。该定义与现行行业标准《岩棉薄抹灰外墙外保温系统材料》JG/T 483 一致。

2.0.4 岩棉条的垂直板面方向的抗拉强度较高,但是本身的每一条的产品宽度不够大(最大宽度不超过 200 mm),而一般的保温板材宽度为 600 mm。因此,可以在工厂采用 3 块岩棉条拼在一起组合成一块板,拼接的关键是在上、下两个表面采用抹面胶浆和内置网布。

2.0.5 网织增强岩棉板是采用专用工业缝纫设备,通过物理方式,将玄武岩纤维有捻纱覆盖在普通岩棉板表面并进行缝制,增强了普通岩棉板的抗拉强度。该加工方式既保留了原岩棉板的尺寸大小,又大幅提升了岩棉板抗拉强度弱的短板,目前已在全国多地列入了地方标准,推广应用。

2.0.6 酸度系数是衡量岩棉制品化学耐久性的特定指标,酸度系数越大,则其化学耐久性越好。本系统要求不小于 1.8。

2.0.16 在欧洲比较成熟的岩棉系统中,配件可以对比较复杂的节点部位的处理提供一些简单的解决方案,我国目前已能生产其中的大部分产品,如带网布的护角条、底座托架等。

3 系统及系统组成材料

3.1 一般规定

3.1.1 本条为本系统的一般要求规定。

3.1.3 根据国家六部委《关于在部分城市限期禁止现场搅拌砂浆工作的通知》(商改发〔2007〕205)要求,在本系统中配套使用的胶粘剂、抹面胶浆等材料应在专业工厂生产,不得在工地现场配置。但是由工厂生产的双组分砂浆产品,在性能符合本标准要求的情况下也可使用。这里指的双组分是特指添加聚合物乳液的产品,一组分为预拌的砂浆,另一组分为聚合物乳液。

3.1.4 本条为数据精度规定,目前国内行业内标准规范均采用此方法。

3.2 系统及组成材料的性能指标

3.2.1 本性能指标兼顾了国家及上海地方相关标准的要求。

3.2.2 对岩棉板及岩棉条的技术性能指标。已根据最新的国家、行业标准要求内容进行了修订。其中,取消了密度的要求,一方面是与行业标准《岩棉薄抹灰外墙外保温工程技术标准》JGJ/T 480—2019 保持一致;另一方面,鼓励岩棉生产企业科技创新,生产出强度高、密度低的产品。目前岩棉板强度与板的厚度有关,厚度大的产品,达到相同强度的产品密度相对较低;另外,也与生产工艺及技术有关,行业领先的企业在岩棉强度相同的情况下可提供密度相对较低的产品。原规程规定统一的密度要求不利用产品性能的提升与创新。从应用角度出发,建筑需要的岩棉板应该是强度达到要求的密度低的产品。另外,对岩棉板的要求也参照了上海市《外墙保温系统及材料应用统一技术规定(暂行)》中表10.0.1-2封闭式石材、金属幕墙保温系统用岩棉性能要求。本标准规定的岩棉性能指标不适用于透明幕墙。

3.2.3 岩棉条组合板是采用符合系统要求的岩棉条、抹面胶浆、耐碱涂覆网布在工厂中预制加工的板材,没有采用其他的复合板材,也不能采用非本系统的材料。岩棉条组合板样品测试应在试验室中去除双面的抹面胶浆层后,按照第3.2.2条中岩棉条的要求进行测试,并且还需要对完整的样品进行测试,性能指标应符合本标准表3.2.3的要求。

3.2.4 对于网织增强岩棉板采用的普通岩棉板的性能指标应符合本标准表3.2.2的要求,只有符合了全部性能指标的岩棉板才可以通过网织增强的方式提升其抗拉强度。网织增强仅针对岩棉板的垂直于板面的抗拉强度或其他力学性能有提升作用,对于岩棉板的耐久性指标没有作用。因此,一定要选择符合要求的岩棉板进行网织增强。

3.2.6 对于胶粘剂产品来说,只要配方确定,其性能指标就是确定的,与采用什么保温材料与其粘结无关,但是对具体的测试数据有影响。为减少多次检测,本标准要求拉伸粘结强度仅测与岩棉条的,如果其性能符合要求,则与岩棉板和其他的岩棉条组合板、网织增强岩棉板的拉伸粘结强度也符合要求。

3.2.7 抹面胶浆的要求不仅适用于岩棉板(条)外墙外保温系统,同样对于岩棉条组合板在工厂中使用的抹面胶浆也要符合该要求。

3.2.9 本条仅规定了用于岩棉条的界面剂的物理性能指标,如何选择界面剂的类型还需要企业通过试验验证确定。

3.2.10 在岩棉保温系统中,锚栓能提高岩棉板保温系统的安全性。抗拉承载力标准值是以混凝土为基层的值,并不要求在其他基层中均达到此值,否则检测数量过大。其他基墙采用现场拉拔力最小值判断。国家及行业若有新规定则按要求执行。保温锚固射钉通过射钉枪的冲击力将锥形锚钉直接打入墙体,通过摩擦作用力产生抗拔力,施工简便,安全可靠。

3.3 系统组成材料包装、运输、装卸和贮存要求

3.3.1 对系统组成材料与配件的包装要求。应在粘结剂、抹面砂浆等干混料的包装袋上注明在现场搅拌的加水量,是为便于施工人员在现场制备砂浆,有利于保证砂浆的性能以及质量的稳定性。

3.3.2 岩棉板虽有很高的憎水性,但仍易吸湿吸水;干混料保持干燥十分重要。故在运输和贮存过程中,尤应防止包装破损。离地高度建议不小于 100 mm。

3.3.3 规定相关产品的保质期。为确保产品质量,超过保质期的产品不能使用。对已结硬块的干混料再加水搅拌使用,其和易性、保水性差,硬化收缩性大,粘结强度降低,故严禁再用。

4 设 计

4.1 一般规定

4.1.1 用于岩棉板(条)外墙外保温系统的保温材料中不包括岩棉板,因为岩棉板的垂直于板面的抗拉强度较低,仅 0.01 MPa,而其他三种岩棉保温材料(岩棉条、岩棉条组合板、网织增强岩棉板)均大于 0.1 MPa。为保证系统安全,禁止岩棉板用于外保温系统。但用于非透明幕墙保温构造层中,因保温构造层外侧有幕墙面板,保温材料允许选用岩棉板。

4.1.6 穿过岩棉系统的连接构件与系统之间的接缝部位应做好密封及防水措施,应由设计提供节点构造图,可采用专用的配件如预压密封带等,也可参考其他图集。

4.2 构造设计

4.2.1 明确了本系统的构造层次与材料组成。本系统中不得使用岩棉板,仅用于非透明幕墙的保温构造层时可使用岩棉板。用于非透明幕墙保温构造层时,不管使用的是何种岩棉保温,抹面砂浆中均设一层耐碱涂覆网布。

4.2.5 对于建筑外墙阴阳角的增强措施,可减少施工及使用过程中的损坏风险。阳角增强可采用带网布的护角线条,比采用网布翻包施工方便,效果更好。门窗洞口 45°角的加强网布,可防止角部开裂。

4.2.6 门窗框洞口内侧周边的保温层应采用与墙面同类型的岩棉板、岩棉条、岩棉条组合板及网织增强岩棉板。为防止系统与门窗框接口部位因密封不严密而导致渗水,必须采取可靠的密封防水措施。

4.2.12 可选用 XPS 板等防水性能好的保温材料。

4.3 热工设计

4.3.1 本系统用于民用建筑的外墙墙体保温时,应按现行国家规范《建筑节能与可再生能源利用通用规范》GB 55015 等相关标准的要求,经节能计算后确定。有关计算方法和计算参数可参照现行国家规范《民用建筑热工设计规范》GB 50176 和本市相关规定执行。用于有节能要求的工业建筑时,由生产工艺要求确定热工参数。

4.3.2 明确了在进行墙体热工计算时对几种岩棉制品导热系数和蓄热系数取值。

4.3.3 岩棉条组合板出厂时板双面已有一层带网格布的抹面层预处理,因此规定节能计算时须扣除面层厚度仅只计岩棉条保温芯材的厚度。网织增强岩棉板表面有玄武岩纤维有捻纱,节能计算时仅计入芯材的厚度。

5 施 工

5.1 一般规定

5.1.3 本系统施工的技术依据。其中,设计文件应经审查合格,专项施工方案应经相关单位审批认可。

5.1.4 施工单位的要求。施工人员必须经过培训,为确保用料准确和工程质量,供应企业的专业人员必须在现场作全程指导并协助质量控制。

5.1.5 材料进场验收要求。

5.1.6 外墙外保温施工应具备的基本条件。包括基层墙体、水泥砂浆找平层以及门窗洞口的施工质量应先通过验收,施工机具和劳防用品应准备齐全,脚手架应通过安全检查,水泥砂浆找平层的强度、平整度和垂直度应符合要求等。

样板墙是施工质量控制的重要方面,样板墙应包含门窗及穿墙管等节点,通过样板作业,可以检验施工工艺与操作要求,能够发现问题并取得改进,为大面积的工程施工打下好基础。

施工期间对环境温度和气候条件的要求:5℃以下的气温会使粘结剂和护面砂浆强度增长缓慢;夏季超过35℃,会使抹面层抹灰表面失水过快,不利于养护,并导致开裂。

5.2 施工流程

5.2.4 岩棉保温系统施工应遵循的基本的作业程序,以确保施工质量。其中,表面处理对岩棉板的粘贴和抹面十分重要。

5.3 施工要求

5.3.1 为保证岩棉保温系统粘贴的质量,基层墙体的表面应无灰尘、浮浆、油渍、锈迹、霉点、析出盐类和杂物等妨碍粘结的附着物。基层墙体找平层的施工应符合土建关于找平层施工的要求,不同墙体应采用不同要求界面剂,找平层施工后应按要求养护。

5.3.4 保温施工中岩棉板的粘贴作业与要求。包括粘结剂的现场制备,界面处理的施工,粘贴面的布胶方法,墙角部位的交错咬合以及门窗洞口角部应整板裁割等。很多要求都是保温板类系统施工的常规,不可忽视。板的布胶部位与锚固位置对应,是为避免因锚栓安装造成岩棉板的凹陷,而门窗洞口四角不留板缝,是为防止角部开裂。另外,确保粘贴面积以及为克服外墙渗水,严格要求岩棉板与门窗框接口以及伸缩缝和穿墙管线等部位的密封处理,更是保证工程质量的重要环节。

5.3.5 抹面层施工的作业与要求(本系统采用一层网布)。包括抹面层施工应再对岩棉板的全部抹灰面做好表面处理;抹面砂浆抹灰应与锚栓或保温锚固射钉安装同时进行,岩棉条施工时锚栓或保温锚固射钉应安装在网格布的外侧;其他的两种岩棉保温材料锚栓可直接安装在板上。网布的铺设应做好搭接或对接,门窗外侧洞口周边和四角的小块网布应在大面积施工前先行粘贴等。在本系统中,锚栓或保温锚固射钉的安装作业十分重要,应先弹好控制线,锚栓或保温锚固射钉的圆盘应紧压在内层网布的外侧或保温板上,圆盘表面应平整。

5.4 成品保护

5.4.1 防止污染和损坏。

6 质量验收

6.1 一般规定

6.1.1 明确本系统用于墙体节能保温工程质量验收应符合的标准。

6.1.2 是现行国家标准《建筑节能工程施工质量验收标准》GB 50411 规定的节能保温工程质量验收的程序性要求。

6.1.3 验收批次要求,符合现行上海市工程建设规范《建筑节能工程施工质量验收规程》DGJ 08—113 的规定。

6.1.4 施工过程中应进行的隐蔽工程验收内容。

6.1.6 明确节能保温工程竣工验收应提供的资料。

6.2 主控项目

6.2.1 为了保证墙体节能保温工程质量,需要先对基层墙体进行处理,然后进行保温层施工。基层处理对保证系统的安全很重要,因为基层处理属于隐蔽工程,施工中可能被忽略,事后无法检查。本条强调对基层处理应按照设计以及本标准和施工方案的要求进行,以符合保温层施工工艺的需要,并规定施工中应全数检查,验收时则应核查隐蔽工程验收记录。

6.2.2 要求材料与配件的品种、规格应符合设计要求和本标准的规定,不能随意改变和替代。在材料、配件进场时,应通过目视和尺量、秤重等方法检查,并对其质量证明文件进行核查确认。

6.2.3 岩棉板、岩棉条、岩棉条组合板、网织增强岩棉板、粘结剂、抹面砂浆、耐碱涂覆网布和锚栓的性能直接关系工程的节能效果和使用质量,故除了核查质量证明文件外,还应对条文所规定的几项性能做进场复验,需要核查进场复验报告。

6.2.5 为确保节能效果,在工程中使用的岩棉保温制品的厚度应予保证。

6.2.7 锚栓或保温锚固射钉的使用是本系统重要的组成部分,关系系统的整体性、安全性和使用质量。锚栓或保温锚固射钉应在现场进行拉拔力检验。

6.3 一般项目

6.3.1 系统组成材料与配件如外观损坏和包装破损,可能影响材料与配件的性能与应用,如包装破损后材料受潮、构件出现裂缝等,应引起重视,以确保系统各组成材料和构件符合产品质量要求。

6.3.2 耐碱涂覆网布的铺设对岩棉板薄抹灰外墙外保温系统的质量十分重要,必须严格控制两层网布的铺设按照施工工序要求完成,并保证合理的间隔时间,且具有足够的搭接长度。

6.3.3 规定本系统在墙体节能保温工程施工中表系统面层的允许偏差和检查方法。